# La carotte

Illustré par Gilbert Houbre
Réalisé par Gallimard Jeunesse
et Pascale de Bourgoing



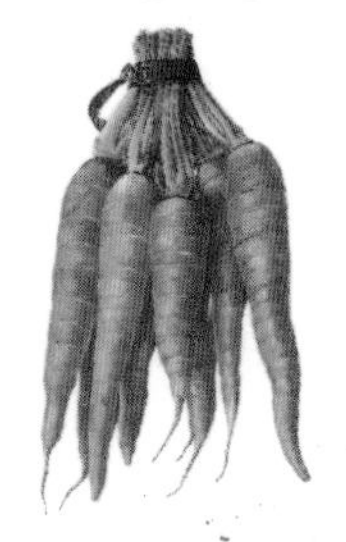

GALLIMARD/MES PRÉMIÈRES DÉCOUVERTES

Tu l'épluches,
tu la coupes,
elle est toujours
orange.

Une carotte c'est vraiment orange!

La carotte
pousse sous la terre.
Tu ne manges
que la racine.

Les feuilles
grandissent et les fleurs
produisent des graines
qui deviendront
de nouvelles carottes.

Regarde! La carotte se trouve sous toutes ces formes.

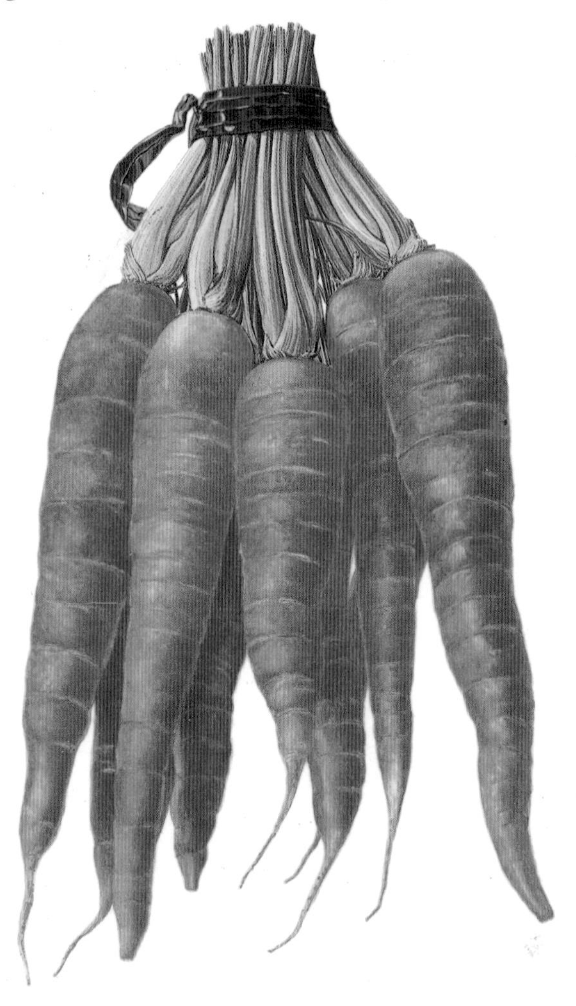

Elle se croque, se boit et se savoure crue ou cuite.

Les carottes sont excellentes pour la santé.

Sais-tu que les radis,
les céleris et les betteraves
sont aussi des racines?

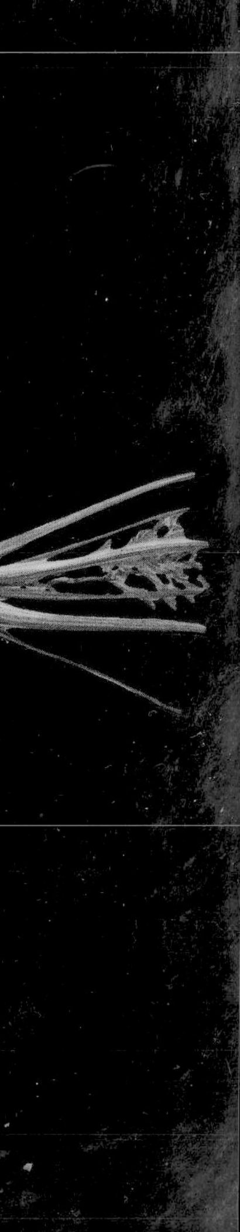

Tu manges
le radis cru,
le céleri cru ou cuit,
la betterave cuite.

Dans le potager,
tu peux aussi déterrer
des navets, des poireaux
et des oignons.

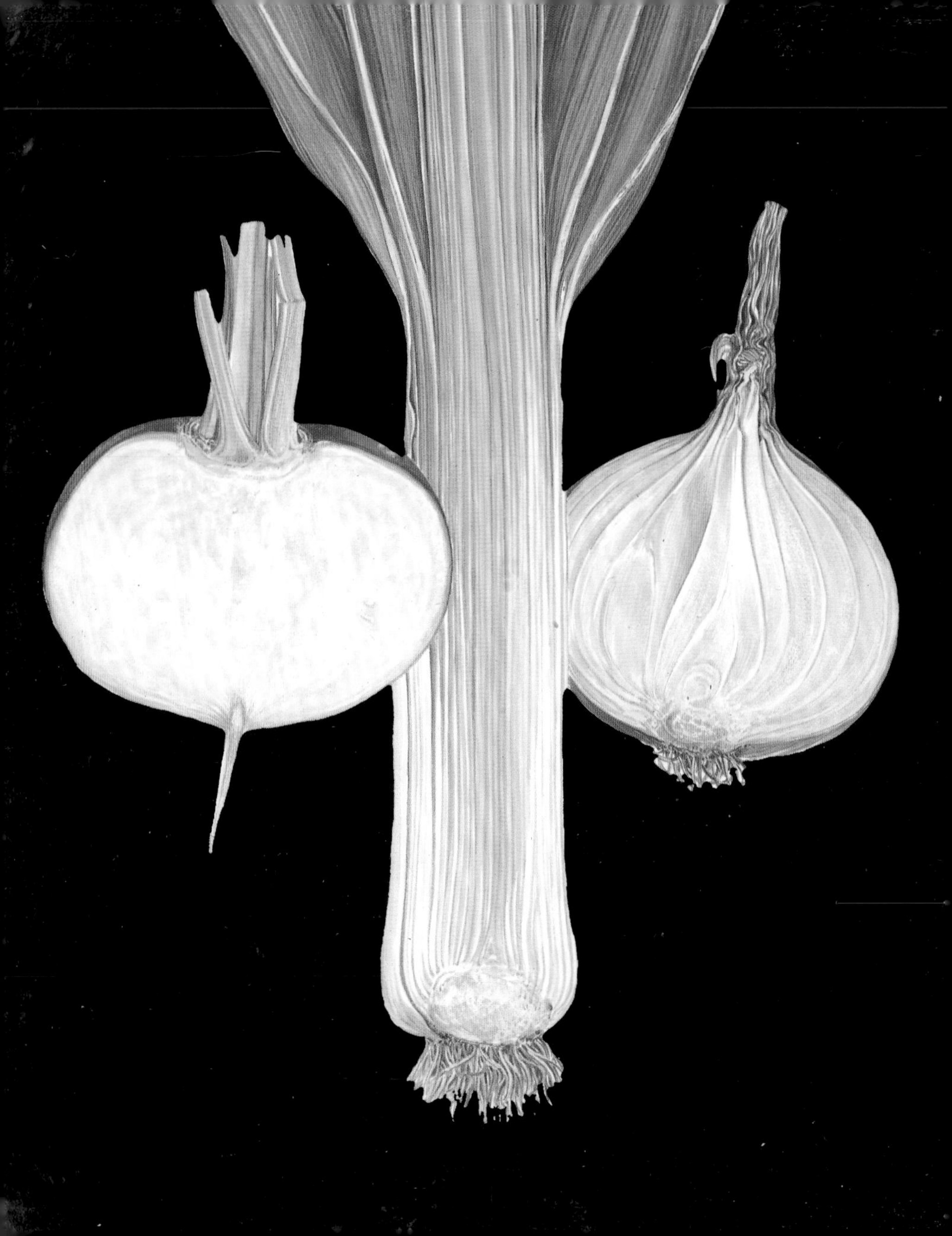

Ils donnent bon goût
à la soupe!
Attention, l'oignon
pique les yeux
quand il est cru!

Pourquoi la pomme de terre
s'appelle-t-elle ainsi? Parce que
cette drôle de pomme
pousse sous terre.

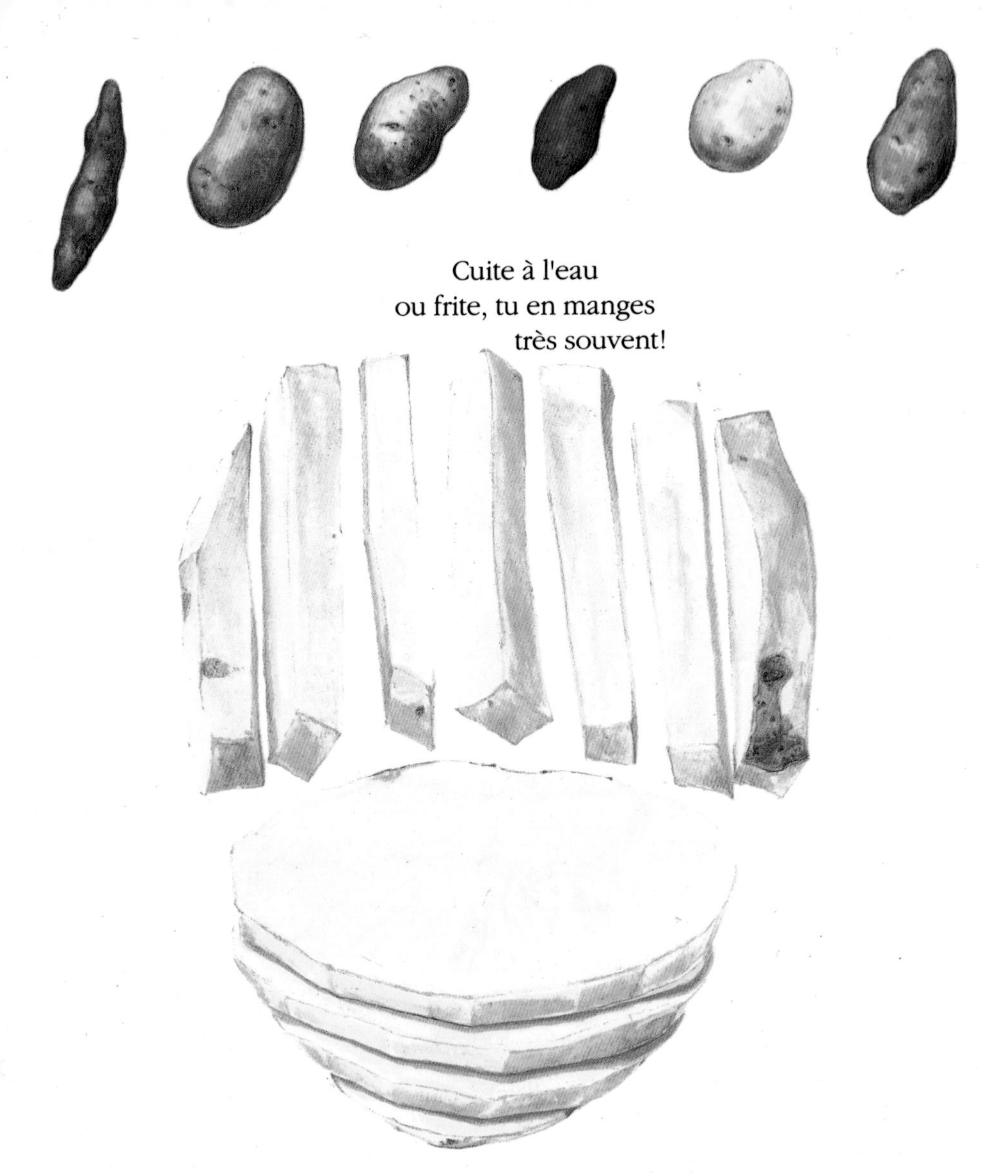


Il existe beaucoup de variétés de pommes de terre.

Le chou vert

Le chou-fleur

Mais il y a aussi
des légumes qui poussent
sur la terre : par exemple,
les choux et les salades!

Le chou rouge

Le chou de Bruxelles

La salade frisée

La laitue

Les épinards

Tu manges
les feuilles de la salade,
pas les racines!

Le persil

Les aubergines,
les tomates et les courgettes
se cueillent. Tu ne manges
ni leurs feuilles ni leurs racines,
tu manges leurs fruits.

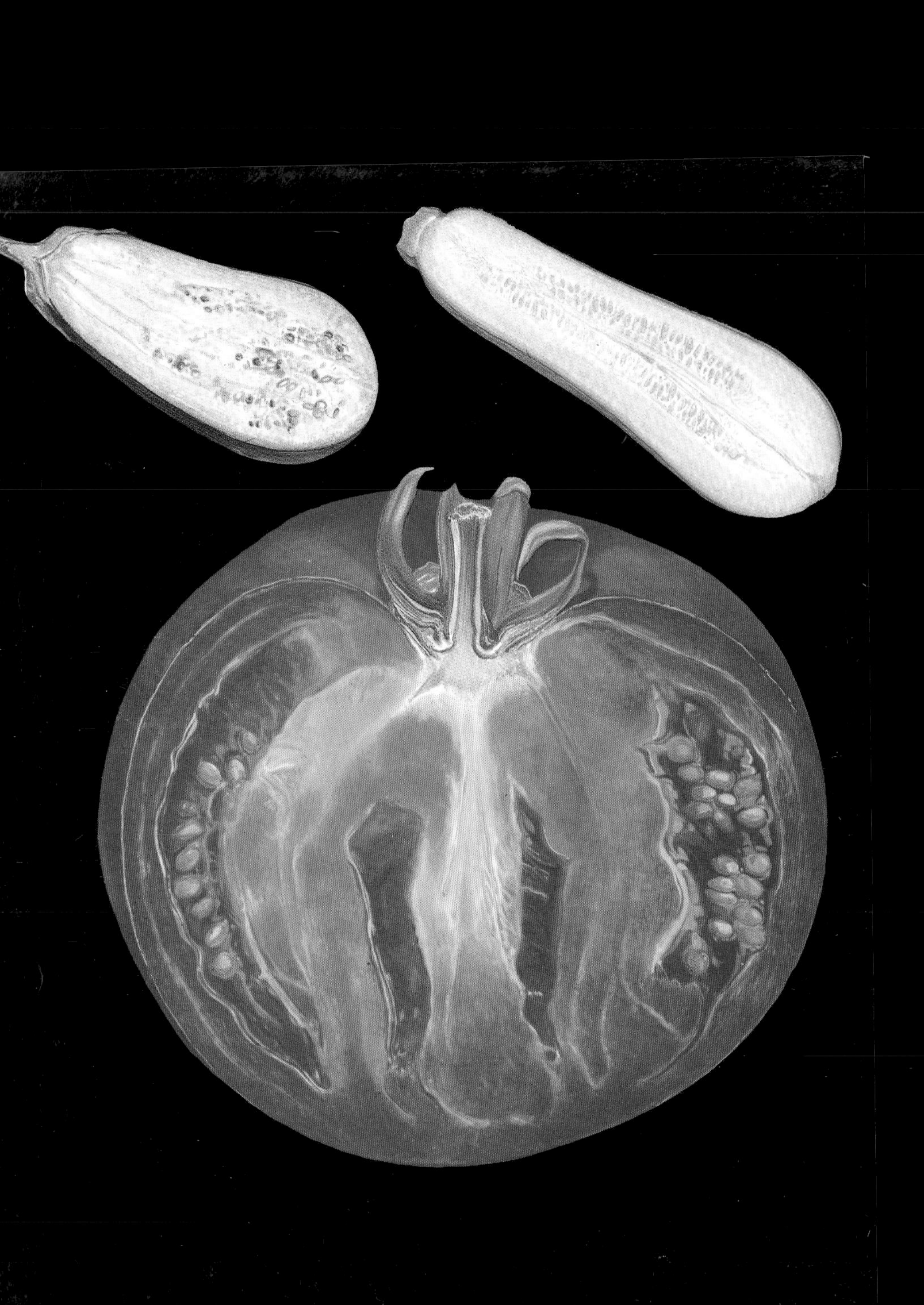

Ce sont des légumes-fruits.

Les
haricots verts,
les poivrons et
les concombres
sont aussi
les fruits de
la plante.

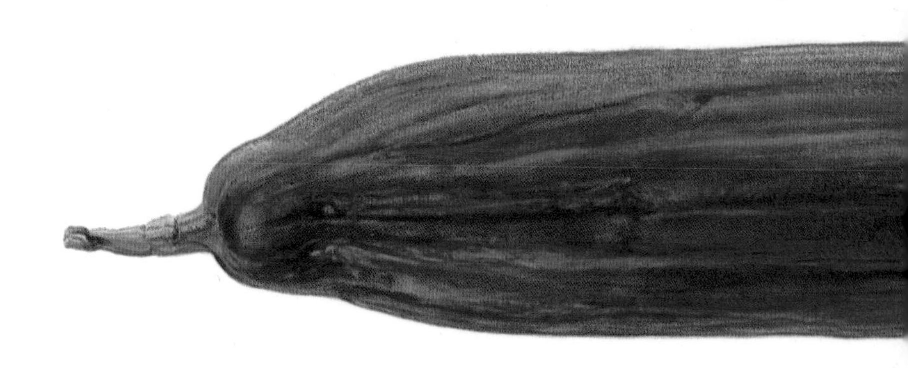

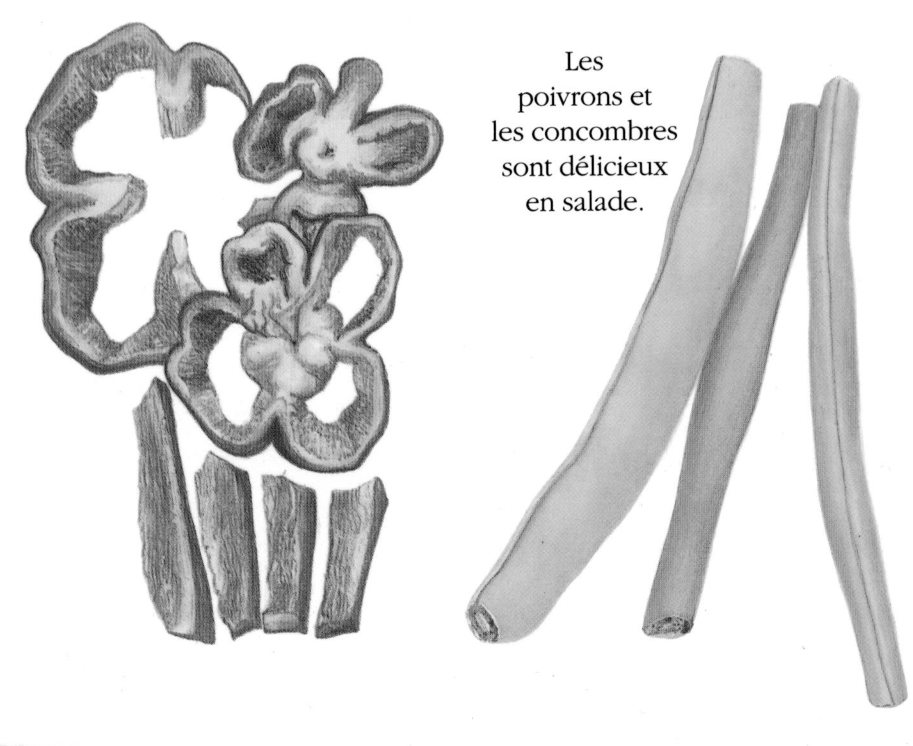

Les
poivrons et
les concombres
sont délicieux
en salade.

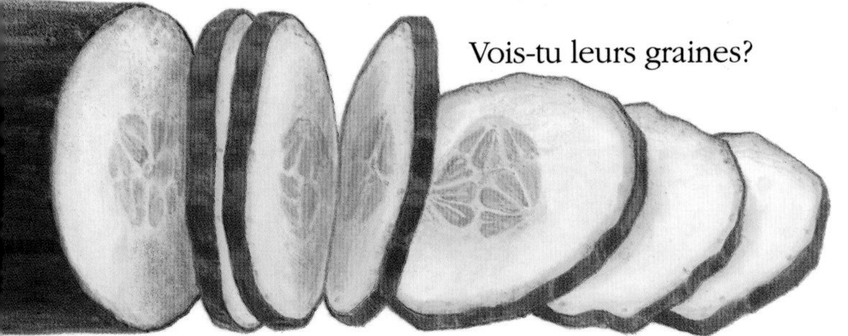

Vois-tu leurs graines?

Les petits pois
et les artichauts poussent aussi
au-dessus du sol.
Tu ne manges ni leurs racines,
ni leurs feuilles, ni leurs fruits.

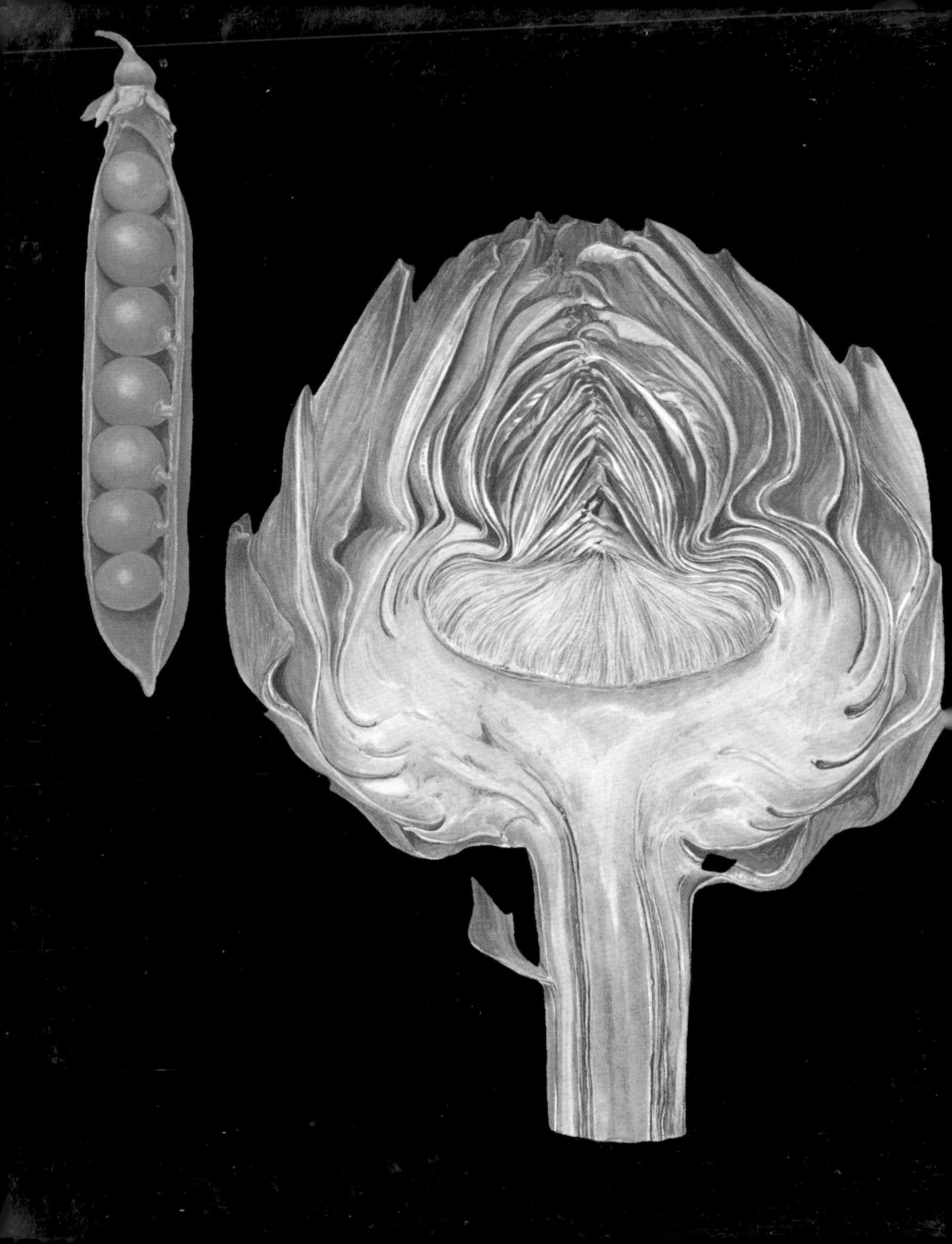

Les petits pois
sont les graines
de la plante,
l'artichaut
est la fleur
en bouton!

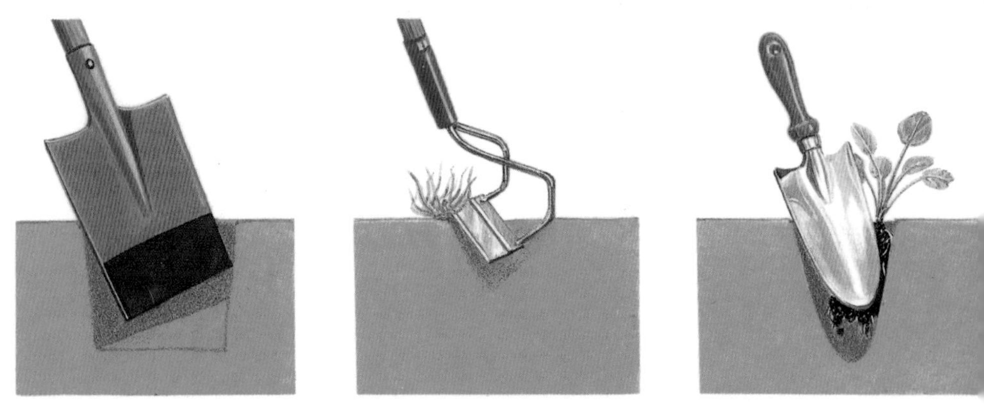

Pour jardiner, il te faut une bêche, une binette et un transplantoir...

... mais
tu as surtout besoin
d'un arrosoir
bien rempli!

Dans la même collection:

L'œuf
Le pied
Le chat
Le temps
L'arbre
La coccinelle
La pomme

ISBN: 2-07-035711-2

1er dépôt légal: Novembre 1989.
Dépôt légal: Mars 1990.
Numéro d'édition: 48938
Imprimé en Italie
par Editoriale Libraria.